全国技工院校公共基础课程工匠文化教材配套用书

匠心传承指导与实践

何语华　王宁　赵锴文　应康　编

中国劳动社会保障出版社

简介

本书是全国技工院校公共基础课程工匠文化教材《匠心传承》的配套用书，供学生掌握教材内容、开展实践活动使用。全书按教材内容顺序编写，每部分均由“学史增信”“继往开来”“薪火相传”三个板块组成。其中，“学史增信”引导学生熟悉教材内容、理解教材中人物的事迹和优秀精神品质；“继往开来”引导学生了解当代中国在相关工程技术领域所取得的成就以及当代优秀工匠的先进事迹和奋斗精神；“薪火相传”引导学生开展相关实践活动，践行工匠精神，坚定走技能成才、技能报国之路的理想信念。

本书的参考答案可从技工教育网（http://jg.class.com.cn）下载。

图书在版编目（CIP）数据

匠心传承指导与实践 / 何语华等编 . -- 北京 : 中国劳动社会保障出版社，2024. --（全国技工院校公共基础课程工匠文化教材配套用书）. -- ISBN 978-7-5167-6423-7

Ⅰ. B822.9

中国国家版本馆 CIP 数据核字第 20245F7K43 号

中国劳动社会保障出版社出版发行

（北京市惠新东街 1 号　邮政编码：100029）

*

北京市白帆印务有限公司印刷装订　　新华书店经销

787 毫米 ×1092 毫米　16 开本　5.25 印张　94 千字

2024 年 7 月第 1 版　　2024 年 9 月第 4 次印刷

定价：12.00 元

营销中心电话：400-606-6496

出版社网址：http://www.class.com.cn

http://jg.class.com.cn

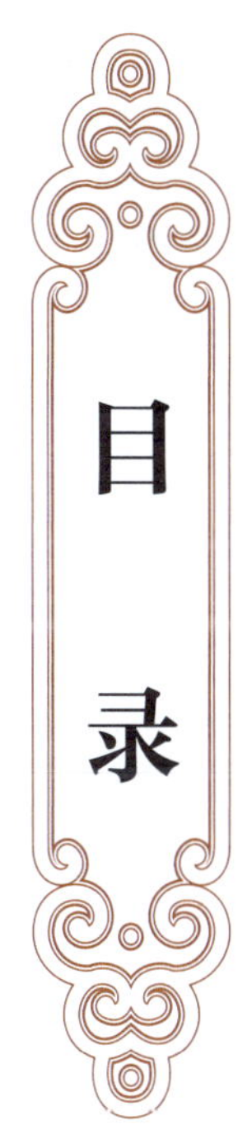

目录

第一单元　交通运输

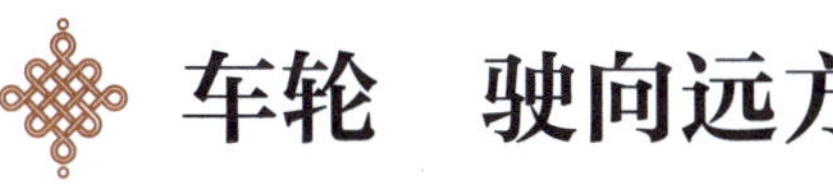

车轮　驶向远方

学史增信

一、学习导图

根据教材中的“造物小史”内容，补全下面的学习导图。

- 车轮
  - 国之重器
    - 发明
      - 据《墨子》等书记载，夏朝工匠________发明了车辆
      - 人们在河南二里头遗址和平粮台遗址中均发现了车辙痕迹，分别距今约3 700年和4 200年。这说明在____________建立之前，中国人已经发明并使用双轮车
    - 应用（战车）
      - 重要的交通工具
      - 据《尚书》记载，夏朝时已出现了大规模________
      - 从出土的____________战车看，当时的车有双轮，一般由2匹马拉动，车轴上安装车厢
  - 精良制造
    - 制作要求
      - 《考工记》指出：“察车自轮始。凡察车之道，欲其朴属而微至。”“朴属”指____________，“微至”指____________，着地面积小
    - 车轮构件
      - ______：轮中心的圆木部件
      - ______：轮圈，又称辋
      - ______：车轮中连接毂和牙的直木条
    - 六种检验方式
  - 巧妙设计
    - 尺寸：轮辐的截面宽度，应等于轮毂上的____________，以及轮辐插入轮毂的____________
    - 轮毂
      - 经常行驶于泥泞地面的车辆，轮毂________；经常行驶于山地的车辆，轮毂________
      - 为增强轮毂____________，在轮毂上缠束皮革，再打磨涂漆；为防止____________，在轴外侧和毂内侧各装配一个铁圈，并在两铁圈之间涂上润滑油脂
    - 轮绠
      - 作用：行驶时，轮____________；道路不平时，车子____________
    - 轮圈
      - 作用：车轮着地面积小，减少________；转圈内侧外凸还可使车轮更易________

二、中华名匠

根据教材中的“中华名匠”内容，填写下面的人物卡片。

人物：奚仲

时代：________

官职：____________________

主要成就：____________________

历史价值：他发明的车辆大大减少了人们的____________，提升了人们对制造和改良工具的重视程度，使一部分具有专项技能的人成为________________________的________，从而大大促进了生产力及社会发展。

人物后代的贡献：奚仲后世子孙仲虺重视________，倡导养马，使________得以普及。

继往开来

一、当代视角

历史的车轮滚滚向前，时代的脚步永不停歇。新中国成立以来，我国交通运输发展取得了巨大成就，交通工具不断得到改进。

查阅资料，判断下列说法的正误（正确的在题后的括号内打“√”，错误的打“×”，并在空白处改正）。

老式自行车

1. 改革开放前，自行车是最常见的代步工具。　　　　（　　）

载货汽车

2. 新中国第一款批量生产的汽车是解放牌载货汽车。　　　　（　　）

地铁

3. 中国首条地铁线路是北京地铁1号线。　　　　（　　）

列车

4. 复兴号动车组列车是目前世界上运营时速最高的高铁列车。　　　　（　　）

飞机

5. C919是中国首款按照国际通行适航标准自行研制、具有自主知识产权的喷气式中程干线客机。（　　）

深海载人潜水器

6. 雪龙号载人潜水器是一艘由中国自行设计、自主集成研制的载人潜水器。（　　）

共享单车

7. 网约车的出现解决了城市出行“最后一公里”的问题。（　　）

新能源汽车

8. 截至2023年，我国是全球汽车出口最多的国家。（　　）

二、当代人物

技术工人队伍是支撑中国制造、中国创造的重要力量。

试以高速铁路的建造为例，查找资料，了解技术工人是如何用智慧和汗水参与建造的。从中选择 1～2 个人物，填写下面的人物表格。

项目	人物 1	人物 2
姓名		
工作单位		
职业（工种）		
承担的任务		
感人事迹		

薪火相传

车轮和马车的发明大大推动了社会发展，体现了创新精神的伟大价值。作为技工院校的学生，我们可以根据所学专业知识或者现阶段积累的经验，发挥自己的想象力，为常见交通工具的改进提出自己的建议。

一、活动描述

选择我们经常接触的交通工具，结合自己使用或乘坐的体验，从进一步提高其安全性、舒适性、便捷性或环保性等角度提出“金点子”。

二、活动要求

1. 交通工具可以选择共享单车、公共汽车、家用汽车等。

2. 本活动既可以针对交通工具的造型与结构，也可以针对其材料与工艺，还可以针对其装饰与便利性配置等开展。可以针对某个方面提出“金点子”。

三、活动过程

4~6 人为一组，通过小组研讨确定交通工具、编写简案，然后填写下表。

项目	示例	我们的“金点子”
“金点子”名称	给家用汽车加装雨伞托	
要解决的问题	下雨天，驾乘人员将湿淋淋的雨伞放在副驾驶位或后座座位旁，不仅容易弄脏雨伞，也容易弄湿脚垫	
改进建议	在副驾驶位左前方的位置或其座椅后背处安装雨伞托 副驾驶位安装短杆雨伞托，其座椅后背处安装长杆雨伞托 要妥善考虑雨伞托的外形、大小、颜色及安装的具体位置，以免影响乘坐体验 雨伞托应易装拆，以便于清洗	

指南针　匠心致远

学史增信

一、学习导图

根据教材中的“造物小史”内容，补全下面的学习导图。

指南针

- 先秦和秦汉 —— 司南 —— 其原理是把天然磁石打磨成________的形状，置于刻有方位的__________之上，由于磁石磁场和地球磁场有相互作用，勺柄可指向________
- 北宋 —— 水罗盘
  - 兵书《武经总要》记载了“__________”的制法
  - 沈括《梦溪笔谈》中记录了更简便的制作方法：______________________，以________、________、______或_______架设磁针
  - 朱彧在书中记载：“舟师识地理……阴晦观指南针。”这是目前所知________上使用指南针的最早记录
- 南宋 —— 旱罗盘
  - 据南宋书籍记载，其制法是在一木质乌龟模型内安好磁化的________，龟腹中心挖一凹槽，置于一垂直固定于木板且尖端朝上的竹钉之上。其后，旱罗盘形制不断发展
  - 旱罗盘于12世纪到13世纪间传入__________________和________
- 元明清
  - 水罗盘 —— 普遍运用于________，明代郑和下西洋时仍在使用
  - 旱罗盘 —— 明清时期，经欧洲人改进的旱罗盘又传回_________，并逐渐替代了水罗盘

二、中华名匠

根据教材中的“中华名匠”内容，填写下面的人物卡片。

人物	时代	主要事迹	工匠精神
吴鲁衡	清________年间	1. 创设店铺，以专业工艺制作________ 2. 创制了________________日晷	______、 ______、 ______、 ______
第四代传人吴肇瑞及其家眷	清咸丰年间	1. 吴肇瑞为保罗盘制造基业不失，誓死保护镇店之宝________ 2. 其家眷捡回被兵匪丢弃的磁陨石，这才有了大难过后的________和家业振兴	
吴氏后人吴毓贤与其长子吴慰苍	________年	合作制作的日晷获得了____________________	
吴家传人	当代	秉承古法，制作罗盘，传承国家级非物质文化遗产代表性项目__________________	

继往开来

一、当代视角

指南针是我国先民对人类文明的重要贡献。如今，我国自主研发的北斗卫星导航系统（以下简称北斗系统）已面向全球提供服务。在面对未知的艰辛探索中，中国北斗建设者披荆斩棘、接续奋斗，培育了“自主创新、开放融合、万众一心、追求卓越”的新时代北斗精神。

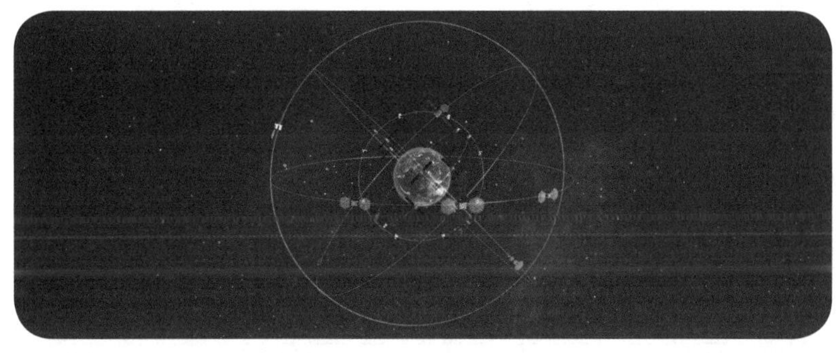

上网查阅《新时代的中国北斗》白皮书，了解北斗系统的发展成就，将下列事实与新时代北斗精神的表述连接起来。

事实	精神
北斗系统核心器部件 100% 自主可控	自主创新
北斗系统全球范围水平定位精度优于 9 米、垂直定位精度优于 10 米，测速精度优于 0.2 米 / 秒、授时精度优于 20 纳秒	开放融合
北斗系统面向全球提供服务	万众一心
持续推进北斗系统与其他卫星导航系统、星基增强系统的兼容与互操作，促进卫星导航系统兼容共用，实现资源共享、优势互补、技术进步	追求卓越
北斗系统是全体北斗建设者同舟共济、合作奉献的结果，是全国上下支持、各方力量协作的结果	

二、当代人物

在北斗系统 30 多万名科研人员中有不少年轻人。在与北斗系统相伴的无数个日日夜夜里，这些青年把青春芳华融入祖国的航天事业，用热血与奋斗点亮宇宙、筑梦太空。

上网查找和收集资料，选择 1 ~ 2 个人物，填写下页表格。

项目	人物 1	人物 2
姓名		
工作单位		
进入团队时间		
攻关领域		
感人事迹		

薪火相传

指南针作为一种重要的测向工具，在户外探险、日常生活中都有着广泛应用。在了解了指南针的原理之后，我们就可以动手制作一枚简易的指南针。

一、活动描述

学习制作一枚简易的指南针，并对指南针进行检验测试。

二、活动要求

1. 根据活动中的提示信息或上网查找资料，制作指南针。
2. 完成制作后，对指南针进行检验测试。

三、活动过程

1. 准备材料

材料包括曲别针、磁铁、指甲油或颜料、塑料泡沫块、一次性杯子、指南针（用来测试实验结果）。

2. 动手制作

（1）将曲别针拉直，然后截取一段。

（2）将截取的铁丝在磁铁上朝同一个方向摩擦，直到铁丝产生磁性。

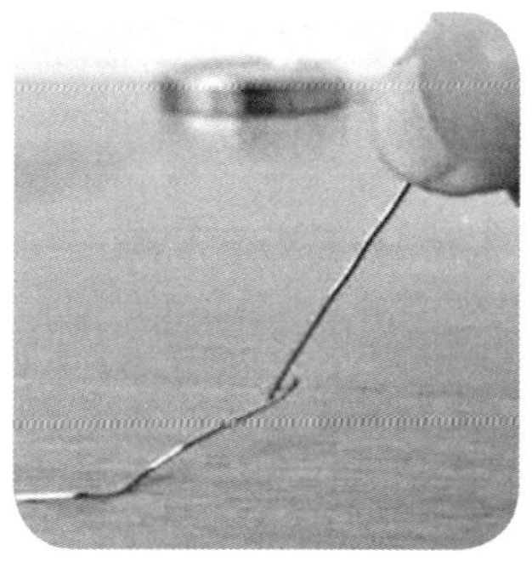

（3）将具有磁性的铁丝穿进塑料泡沫块的中部（尽可能与其上下面、左右面保持平行），放在装有水的杯子里。

（4）将指北的一端涂上红色，指南的一端涂上蓝色，一枚指南针就制作完成了。

3. 检验测试

（1）将装有指南针的水杯放在水平的桌面上，确保铁丝能够自由旋转。要避开影响磁场的物体，如各种电器、金属制品等。

（2）用手指旋转水杯里的铁丝，分顺时针和逆时针各旋转一次，记录测试结果。

铁丝静止时，是否会转到和指南针大体一致的方向?

顺时针旋转的结果（　　　　）　逆时针旋转的结果（　　　　）

说明：地磁的南北极与地理的南北极并不完全重合。在通常情况下，磁针静止时，其一端朝南、一端朝北，且磁极的北方与地理上的北方存在一定的偏角。由于地球磁场受地球自转、地壳运动、地磁场的变化等诸多因素的影响，地磁南北极的位置并非是固定的，因此，在不同时间、不同地区使用指南针测量方位，磁偏角的度数并不完全相同。此外，周围环境中的磁性物质也会对测量结果产生影响。

大运河　发展之脉

学史增信

一、学习导图

根据教材中的“造物小史”内容，补全下面的学习导图。

- 大运河
  - 起源与发展
    - 春秋时期
      - 吴王夫差开凿________，连通长江与淮河
    - 隋朝
      - 开凿________________________
      - 修成以________为中心的大运河
    - 元朝
      - 大运河走向发生转变
      - 开凿________________等河道
      - 基本确立京杭大运河的________________
  - 工程技术与成就
    - 解决水源
      - 元朝水利专家__________实地探查
      - 明朝引汶水入运河，并修建大量________________以调整水量
    - 设置船闸
      - 调节______________，便利船只航行
      - 北宋时期出现________
    - 疏通河道
      - 明清时期，黄河在下游与______________
      - 抬高__________水位，冲刷下游河道
      - 修建______________等工程
  - 功能与影响
    - 交通运输
      - 承担水路运输重任
      - 促进经济发展
    - 人文交流
      - ________________的大动脉
      - 促进民族融合
      - 促进中外文化交流
    - 稳固政权

二、中华名匠

根据教材中的“中华名匠”内容，填写下面的人物卡片。

人物：__________

时代：元朝

成长背景：从小爱好____________________，喜欢玩弄________；曾跟随学术大家__________学习天文、水利、地理知识。

水利方面主要成就：提出________治水措施；提出__________________的修渠意见；解决技术难题，建滚水坝、水闸等；1291 年制定开凿__________________________运河方案，解决____________________问题，成功修建________________。

继往开来

一、当代视角

为深入贯彻落实习近平总书记重要指示批示精神，深入挖掘以大运河为核心的历史文化资源，保护好、传承好、利用好大运河这一宝贵的遗产，2019 年 2 月，中共中央办公厅、国务院办公厅印发《大运河文化保护传承利用规划纲要》（以下简称《规划纲要》）。

1. 请查阅《规划纲要》相关内容，在下页三张卡片中的相应位置填写大运河文化保护传承利用的主要目标。

2. 请尝试利用搜索引擎的搜图功能查找下面三张卡片中的图片，为图片搭配适合的名称，并将其填写在图片下方的横线上，感受大运河文化的魅力。

2018—2025 年主要目标：

____
____
____
____

图片名称：____________________

2026—2035 年主要目标：

____
____
____
____

图片名称：____________________

展望 2050 年：

____
____
____
____

图片名称：____________________

二、当代人物

古代开凿大运河，构建了连接南北的水运通道；现代修建铁路，形成了覆盖全国的运输大动脉。如今，有这样一条神奇的“天路”——青藏铁路，把雪域高原与外界紧密连接起来。修建青藏铁路，面临高寒缺氧、多年冻土、生态脆弱三大世界性工程难题，几代建设者以惊人毅力和勇气筑造出神奇“天路”。

请根据所给的线索，查找资料，了解青藏铁路建设者的感人故事，填写下页的卡片。

他临终时说："你看我也不行了，以后也就上不去（风火山）了。我最大的遗憾就是没有看到青藏线修通，我活着没看到，等我死了以后，把我的骨灰送到青藏线的风火山去，我要看着那火车从我脚下通过。"

这位建设者是：__________

其主要事迹是：______________________________

____

____

我的感受是：______________________________

____

____

他是中国冻土科学家，科学考察中被困，点燃最后三根火柴求救。

这位建设者是：__________

其主要事迹是：______________________________

____

____

我的感受是：______________________________

____

____

他是青藏铁路总设计师，在唐古拉山勘测时险些丧命。

这位建设者是：__________

其主要事迹是：______________________________

____

____

我的感受是：______________________________

____

____

这个班组是千里青藏铁路线上唯一由清一色女工组成的班组。

这个班组是：________________

其主要事迹是：________________

____

____

我的感受是：________________

____

____

薪火相传

千年大运河为我们留下了丰富的非物质文化遗产，如天津杨柳青年画、淮安南闸民歌、南京云锦、西湖龙井等。这些非物质文化遗产反映了千百年来大运河沿岸人民的社会生活和精神世界。

一、活动描述

以“非遗文化青年说”为主题，拍摄短视频，展现大运河非遗魅力。

二、活动要求

1. 视频内容需围绕所选的大运河非遗项目展开，介绍其起源、历史演变、重要发展阶段等。

2. 挖掘并讲述与该项目相关的历史故事或人物事迹，展现其深厚的历史文化底蕴。

3. 分析非遗项目的保护现状，探讨其传承方式、面临的挑战等。

4. 深入剖析非遗文化所蕴含的人文精神、价值观念及审美追求。

5. 短视频时长在 3 分钟以内，内容精练、重点突出，需有讲解员出镜。

三、活动过程

1. 组建活动小组

请组建活动小组并进行组内分工，每项工作均可由一人或多人负责，组内分工和对应职责可根据实际情况自行调整。

组内分工	姓名	职责
组织协调		
文案撰写		
视频讲解		
视频拍摄和剪辑		

2. 制定短视频拍摄方案

（1）确定要介绍的非遗项目。

（2）通过检索网络、走进图书馆和博物馆等方式，了解所选非遗项目的发展脉络、社会价值和经济价值、保护传承方式等内容。

（3）撰写短视频拍摄方案。

3. 撰写讲解词

撰写讲解词，排练讲解内容。

4. 录制并剪辑短视频

根据拍摄方案完成短视频的录制以及后期剪辑工作。

5. 短视频分享

各组将短视频分享到班级群。

第二单元　桥梁水利

都江堰　水利之光

学史增信

一、学习导图

根据教材中的“造物小史”内容，补全下面的学习导图。

- 都江堰
  - 初识都江堰
    - 建造时间：公元前256年
    - 主持人：__________
    - 建造地点：四川成都平原西部的岷江之上
    - 功能：____、____、____、____以及灌溉等
    - 建设目的：提高农业生产力
  - 匠心兴水利
    - 鱼嘴分水堤：把岷江分为______________，内江用于灌溉，外江用于排洪
    - 飞沙堰溢洪道：有效减少泥沙在宝瓶口前后的淤积
    - 宝瓶口引水口：有引水和________________的作用
    - “深淘滩”：淘挖淤积在江底的泥沙要深些
    - “低作堰”：飞沙堰不可修筑太高
    - 作“石犀”：作为岁修时淘挖泥沙的_____________
    - 筑大堤：笼石层层累筑既可免除堤埂断裂，又可利用卵石间空隙减少__________________
  - 后世勤修筑
    - 三国：蜀汉的诸葛亮“征丁千二百人护之”
    - 唐代：渠系工程不断向成都平原南部延伸，并完善了______________________
    - 元代：大修工程
    - 清代康熙年间：加以修复，疏浚________，恢复渠首工程

二、中华名匠

根据教材中的“中华名匠”内容，填写下面的人物卡片。

人物：李冰

时代：战国

主要贡献：______________

在水利建设中的创新做法：

1. 大胆废弃前人设计，重新规划，将都江堰的引水口建在____________________，以保证渠首能承载巨大的引水量。

2. 设计了以______________________等为重点工程的渠道网。

3. 建造了3个站立在水中的石人。水量小的时候，不会露出石人的脚，水量大的时候，不会没过石人的肩膀，以此观察______，堪称我国最早的______________。

4. 在今宜宾、乐山等地治理险滩，疏浚航道，并修索桥，开盐井，修建汶井江、白木江、洛水、绵水等灌溉和航运工程等。

人物：吉当普

时代：________

主要贡献：______________

在水利建设中的创新做法：

1. 找到了32个真正要害之处，建议将要害处的两岸堤防用__________的方法加固，在堤堰上种植______________，从而巩固土石。

2. 用铁浇铸成一只巨大的________作鱼嘴，并在鱼嘴前埋铁桩，以抵抗水流的冲击，防止水运木材与木筏碰撞鱼嘴。吉当普铸铁龟开创了______________的先河。

继往开来

一、当代视角

水利是关系国计民生的重要工程，善治国者，必先治水。党的十八大以来，习近平总书记站在中华民族永续发展的战略高度，明确了“节水优先、空间均衡、系统治理、两手发力”的治水思路。各类水利工程以其雄伟壮观的规模和卓越的技术水平，惊艳世界，引领了世界水利建设新时代。

以下图片为我国当代的三项水利工程，请将方框中的描述填入相应的括号内。

A. 我国首座百万千瓦级水电站
B. 人工“天河”
C. 当今世界上最大的水利枢纽

1. 长江三峡工程（　　）

2. 刘家峡水电站（　　）

3. 红旗渠（　　）

在众多的水利工程中，位于金沙江下游干流河道的白鹤滩水电站，工程规模巨大，综合技术难度位居世界第一，主要技术指标有六项位居世界第一。该工程集中体现了我国高超的自主研发水平，凝聚了建设者的智慧和汗水。

请查阅资料，从六项世界第一的技术指标中选出你感兴趣的一项作简要介绍，感受中国超级工程的“世界之最”带给我们的震撼。

- 发电机组单机容量百万千瓦世界第一
- 地下洞室群规模世界第一
- 无压泄洪洞群规模世界第一
- 圆筒式尾水调压室规模世界第一
- 全坝使用低热水泥混凝土世界首次
- 300 米级高拱坝抗震参数世界第一

超级工程的技术之最

技术指标名称：

技术之最描述：

二、当代人物

2021 年 6 月，在金沙江白鹤滩水电站首批机组安全准点投产发电之际，习近平总书记发来了贺电。他在贺电中指出："白鹤滩水电站是实施'西电东送'的国家重大工程，是当今世界在建规模最大、技术难度最高的水电工程。全球单机容量最大功率百万千瓦水轮发电机组，实现了我国高端装备制造的重大突破。"

全球单机容量最大功率百万千瓦水轮发电机组的重要零部件——发电机转子的吊装是由一位女工匠完成的，她的名字叫田得梅。请查阅资料，填写下页表格。

项目	详情
姓名	田得梅
出生年份	
毕业院校	
工作年份	
工作单位	
职业	
职业成就	
感动你的言语或事迹	

薪火相传

水利是农业的命脉，是经济社会发展的基础支撑，也是生态文明建设的重要保障。近年来，随着国家对水利建设的重视和投入的增加，中国水利建设取得了显著成就。

一、活动描述

举办“美丽中国　水利先行”主题宣讲活动，宣传水利建设的重要性，提高公众对水利建设的认识。

二、活动要求

1. 宣讲内容应阐述对中国水利建设的理解、观点或感受。

2. 内容可涵盖中国水利建设的发展历程、现状、成就以及面临的挑战等。

3. 可以结合实际案例，如重大水利工程、水资源管理和使用、水灾害防治、现行法律法规等，深入浅出地进行讲解。

4. 鼓励宣讲者提出自己对水利建设的独到见解。

5. 宣讲时间控制在 3 分钟以内。

三、活动过程

1. 组建活动小组

请组建活动小组并进行组内分工，每项工作均可由一人或多人负责，组内分工和对应职责可根据实际情况自行调整。

组内分工	姓名	职责

2. 确定宣讲内容

项目	示例	内容
宣讲主题	《中华人民共和国黄河保护法》	
项目时间	自 2023 年 4 月 1 日起施行	
项目特色	是我国第二部流域法律，标志着黄河“共同抓好大保护，协同推进大治理”迈入有法可依的崭新阶段	

续表

项目	示例	内容
项目意义	加强黄河流域生态环境保护，保障黄河安澜，推进水资源节约集约利用，推动高质量发展，保护传承弘扬黄河文化，实现人与自然和谐共生、中华民族永续发展	

3. 撰写宣讲稿

认真查找资料，撰写宣讲稿，排练宣讲内容。

4. 开展宣讲活动

在班级内开展宣讲活动。

赵州桥　造桥丰碑

学史增信

一、学习导图

根据教材中的“造物小史”内容，补全下面的学习导图。

- 赵州桥
  - 造桥概说
    - 建造时间：隋开皇十五年至大业元年（595—605）
    - 设计建造者：________
    - 建造地点：河北赵县城南的洨河之上
    - 建筑特点：单孔敞肩________
  - 历史溯源
    - 古代最早：浮桥
    - 春秋战国时期：________
    - 秦朝：石柱桥
    - 两汉时期：________
  - 工程探究
    - 基址选择方面：选择洨河两岸较为平直的地方并设计了________的短桥台
    - 防护方面：设计沿河一侧的金刚墙
    - 造型方面
      - 低桥面、大跨度的________桥梁结构
      - 大拱加小拱的敞肩拱和单孔设计
    - 工艺方面
      - 桥体石雕饰纹________
      - 刀法________
      - 图案设计独具匠心
  - 后代维护
    - 唐代
      - 首次大规模修缮
      - 采用了________的施工办法，成功恢复了金刚墙的原状
    - 宋代：扶正了________
    - 元明清三代：加以修缮

二、中华名匠

根据教材中的“中华名匠”内容，填写下面的人物卡片。

人物： 李春

时代： 隋朝

主要成就： ____________________

在桥梁建造中的创新做法：

1. 改实肩拱为____________来分泄洪水，即在大拱两端各设两个小拱，不仅可以________泄洪能力，减轻洪峰经过时桥身承受的巨大冲击力，还大大________洪水对大桥的损害，提高大桥的安全性。

2. 采取了____________的形式，既利于舟船航行，又不妨碍洪水宣泄。

继往开来

一、当代视角

新时代，我国桥梁建设向大跨、重载、轻型、新材方向发展。港珠澳大桥作为一座连接香港、珠海和澳门的桥隧工程，因其超大的建筑规模、空前的施工难度和顶尖的建造技术，成为我国当代桥梁建设的顶峰之作。习近平总书记称其为“一座圆梦桥、同心桥、自信桥、复兴桥”。

港珠澳大桥由三座航道桥、一条海底隧道、四座人工岛及连接桥隧等组成，是集“桥、岛、隧三位一体”的宏伟建筑，建造于风浪巨大的伶仃洋上。

1. 请查阅资料，完成下页连线，感受港珠澳大桥工程建造的世界之最。

最长的跨海大桥

最长的钢铁大桥

最重的钢结构桥梁

最长的海底隧道

最深的沉管隧道

最大的沉管

最精准的深海对接

最大断面的公路隧道

沉管隧道由 33 个巨型混凝土管节组成，每个沉管管节长 180 米、宽 38 米、高 11.4 米，重量达 8 万吨

全长 55 千米，由桥岛隧和粤港澳连接线组成

沉管在海平面以下 13 米至 48 米不等的深度进行海底无人对接，对接误差控制在 2 厘米以内

有 15 千米是全钢结构钢箱梁

主体桥梁总用钢量达到 42 万吨，相当于 10 座鸟巢或 60 座埃菲尔铁塔

拱北隧道双向六车道，全长 2 741 米

沉管海底隧道全长约 6.8 千米

海底隧道最深 48 米，而世界沉管隧道很少超过 45 米

2. 请查阅资料，填写港珠澳大桥航道桥的别名和寓意，并写一写你对“圆梦桥、同心桥、自信桥、复兴桥”的理解。

航道桥名称：青州航道桥

又名：

寓意：

航道桥名称：江海直达船航道桥

又名：

寓意：

航道桥名称：九洲航道桥
又名：
寓意：

圆梦桥：______

同心桥：______

自信桥：______

复兴桥：______

二、当代人物

林鸣，港珠澳大桥岛隧工程项目总经理、总工程师，带领团队攻克了外海沉管安装世界级工程难题；自主研发国内首创且世界领先的专用设备和系统，获得数百项专利；创造当年动工当年成岛、一年安装 10 节沉管的中国速度……

请阅读林鸣的话，将方框中的内容填入相应的括号内。

A. 勇于担当　B. 不惧困难　C. 踏实肯干　D. 执着专注　E. 认真负责

1. 桥的价值在于承载，而人的价值在于担当。（　　）

2. 我对每一项工作都很认真，不能因为它重要你是一种态度，不重要又是一种态度。认真对自己有利、对团队有利、对企业有利、对国家有利，对民族也有利。（　　）

3. 即使我们的起步是 0，我们往前走一步就会变成 1。（　　）

4. 工程建设就像走钢丝，每一步都是第一步。（　　）

5. 不能说超级工程就超级态度，一般工程就一般态度。人生只有一个标准，只有一种态度，那就是不断奔跑，把每件事做好。（　　）

以上话语中，你最认同的是：________________________________

____

____

这句话对你学习或生活的启示是：________________________________

____

薪火相传

从赵州桥到港珠澳大桥，中国的桥梁建设历程不仅展现了中国古代到现代桥梁的建造水平和建造技术的进步，更被赋予了丰富的情感色彩和深刻的精神内涵。在你的家乡是否也有一座桥见证了家乡的变化和你的成长？

一、活动描述

以“家乡的桥”为题，组织班级摄影展，宣传家乡的文化和历史，讲述你与桥的故事。

二、活动要求

1. 以摄影作品展示家乡的桥梁美景和独特魅力，重点展现家乡桥梁的建造水平或文化底蕴。

2. 给摄影作品配说明文字。内容可包括桥梁的建造历史、建造技术、传说故事、人物事迹等。

3. 每位同学独立完成摄影作品的拍摄。可拍摄单张照片，也可拍摄一组照片。

三、活动过程

1. 收集相关信息

项目	详情
我拍摄的桥	
建造时间	
建造技术	
桥梁特点	

2. 拍摄照片并撰写作品说明

拍摄照片并根据拍摄的灵感和收集的信息撰写作品说明。

3. 展示作品

采用线上或线下的形式进行作品展示。

第三单元　农业耕作

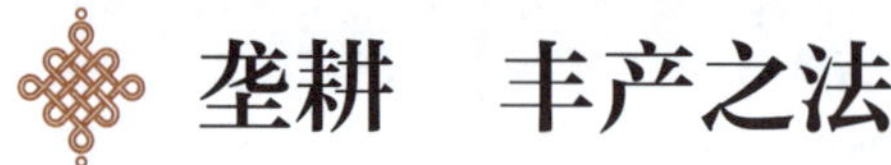

垄耕　丰产之法

学史增信

一、学习导图

根据教材中的“造物小史”内容，补全下面的学习导图。

- 垄耕
  - 先秦初创
    - 出现时间：西周至________时期
    - 垄耕原则：
      - “上田______，下田______”
      - “亩欲________，甽欲________”；“稼欲生于尘而殖于坚”
  - 西汉发展
    - 代田法
      - 积极推广者：______
      - 应用区域：______和西北边郡旱地
      - 历史地位：是先秦时期______法的发展
      - 耕种方法：在地里开沟作垄，______将农作物种于垄沟之中，______交换垄和沟的位置
      - 评价：“用力少而得谷多”
    - 区田
      - 耕种方法：将田地划成若干小区块，在其中采取__________、合理密植、集中施肥、及时灌溉等措施，以集中并高效地使用劳力与肥料
      - 效果：更充分地利用有限的耕地，实现________，提升单位面积产量
      - 意义和作用：适应了古代中国____________、畜力和大型农具缺乏的现实情况，体现了典型的精耕细作特征
      - 评价：______的救世之方
  - 后世推广
    - 宋元时期：应用到南方采用稻麦两熟制的水田上
    - 明清时期：扩展到内蒙古、东北地区

二、中华名匠

根据教材中的“中华名匠”内容，填写下面的人物卡片。

人物： 贾思勰

时代： ____________

著作： ____________

著作价值：

1. 此书是世界农学史上的早期专著之一，也是中国现存________________的一部完整农书。

2. 贯穿全书的核心思想是____________________的经验。

3. 书中详细总结了北方农民抗旱保墒的经验，强调________的重要性和冬季积雪保墒的作用。提出了________________的观点：一方面强调“人生在勤，勤则不匮”；另一方面又十分重视“用之以节”。

继往开来

一、当代视角

如果说垄耕是我国古代劳动人民对世界农业文明的贡献，那么杂交水稻技术就是当代中国对世界粮食安全的卓越贡献。《国家统计局关于2023年粮食产量数据的公告》显示，我国粮食总产量为69 541万吨，其中稻谷总产量为20 660.3万吨。目前，我国水稻种植面积为2 992万公顷，杂交水稻种植面积超过1 700万公顷，年增产稻谷约250万吨，每年可多养活8 000万人。

请收集杂交水稻的相关资料，完成下页词条的填写。

二、当代人物

袁隆平，中国水稻育种家，致力于杂交水稻技术的研究、应用与推广，发明“三系法”籼型杂交水稻，成功研究出“两系法”杂交水稻，创建了超级杂交稻技术体系，提出并实施“种三产四丰产工程”，被联合国教科文组织赞誉为“第二次绿色革命”的奠基人。

1. 请认真学习袁隆平的事迹和精神，完成下页连线。

勇于批判的创新精神	先后用了1 000多个水稻品种，做了3 000多次试验，带领团队攻克了制种技术难关。
赤胆忠心的爱国精神	在发现“雄性不育株”之后独辟蹊径地提出了用“不育系”“保持系”和“恢复系”配套的培育体系。
大公无私的奉献精神	将所获联合国教科文组织颁发的科学奖和世界粮食奖等奖金全部捐献出来，设立奖励基金，奖给为科研作出贡献的农业科技工作者。
精诚团结的协作精神	将自己研究小组发现的相关材料毫无保留地分送给全国18个研究单位，组织全国的协作单位共同研究、共同分享。
持续不懈的奋斗精神	立志杂交水稻研究，以求解决我国老百姓吃不饱饭、饿肚子的问题，让老百姓不再忍饥挨饿。

2. 袁隆平说：“我一直有两个梦。”请查阅相关资料，完成下列题目。

（1）袁隆平的第一个梦是禾下乘凉梦，这个梦想体现了他对杂交水稻的________追求，旨在实现粮食产量的显著提高，以满足日益增长的粮食需求。

（2）袁隆平的第二个梦是杂交水稻覆盖全球梦，这一梦想体现了他对________________的深刻思考，旨在将杂交水稻技术推向世界，为全球粮食安全贡献中国智慧和中国方案。

薪火相传

随着农业技术的发展，我国的农产品种类越来越丰富，质量越来越好，很多产品因为其独特的品质特性等体现了产地的自然因素和人文因素，而入选地理标志产品。你的家乡是否也有此类产品或特色农产品呢?

一、活动描述

为了更好地宣传家乡，提高家乡知名度、美誉度和影响力，请选择当地某类农产品，设计广告词，召开产品推介会，为家乡农产品代言。

二、活动要求

1. 选取的农产品能够体现当地的种植技术和地域特色。
2. 设计的广告词要构思新颖、积极向上、朗朗上口。
3. 推介会组织有序。

三、活动过程

1. 组建活动小组

请组建活动小组并进行组内分工，每项工作均可由一人或多人负责，组内分工和对应职责可根据实际情况自行调整。

组内分工	姓名	具体职责

2. 确定推介产品

项目	详情
我家乡的特色农产品	
本次推介的农产品	
本产品的种植特点	
本产品的优势	
本产品的广告词	

3. 撰写文案

撰写文案，排练推介会内容。

4. 召开推介会

组织召开推介会，可根据情况选择线上或线下形式。

耕犁　农业利器

学史增信

一、学习导图

根据教材中的“造物小史”内容，补全下面的学习导图。

- 铁犁
  - 耕犁的发明
    - 出现时间：新石器时代
    - 工具名称：________等翻土类农具
    - 工具材质：________
    - 意义：犁使翻土类农具可以连续工作，提高了________
  - 铁犁的诞生
    - 出现时间：春秋战国
    - 工具材质：____
    - 意义
      - 抗磨损程度________
      - 使用寿命________
      - 耕翻深度________
  - 直辕犁定型
    - 出现时间：秦汉时期
    - 技术优点
      - ________更易被破碎并翻转
      - 能把杂草和害虫埋在地下作________
  - 曲辕犁的出现
    - 出现时间：汉代到唐代
    - 技术优点：铁犁牛耕的生产方式得以推广到________，从而使得我国的________不断扩大，________得以提高

二、中华名匠

根据教材中的“中华名匠”内容，填写下面的人物卡片。

人物：陆龟蒙

时代：____________

著作：____________

著作价值：

1. 此书是中国古代一部著名的记述________的专著。

2. 书中记录的唐代的重要农具有________________、________、________等。

人物：王祯

时代：____________

著作：____________

著作价值：

1. 此书是中国农学史上第一部从全国范围对农业进行全面、系统论述的专著。

2. 书中内容共分三大部分，第一部分________________，总论农业；第二部分____________，分别叙述了各种农作物、蔬菜、瓜果、竹木等的种植培养法；第三部分____________________，共介绍了100余种“农器”。

继往开来

一、当代视角

新中国成立初期，农业机械化并未普及。为此，国家大力发展农业机械制造业，并把拖拉机作为研究的重点对象。20世纪50年代，我国自主生产了第一台东方红拖拉机，东方红拖拉机的形象被印在第三套人民币上。

请对东方红拖拉机研发历程进行总结和提炼，从各阶段代表性事件中选择1～2件给你留下深刻印象的事件，填写在下图中。

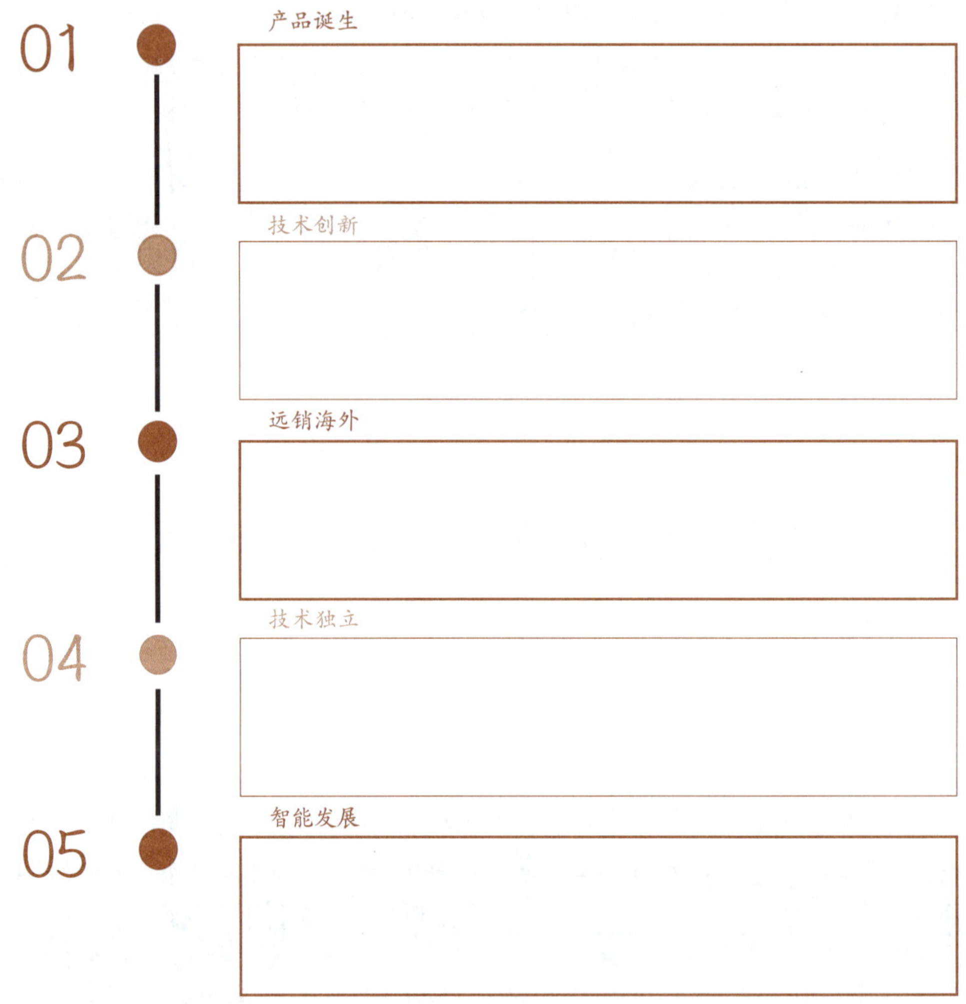

二、当代人物

作为中国一拖技术中心拖拉机智控部高级工程师，王建华带领他的研发团队以实际行动践行习近平总书记关于“大力推进农业机械化、智能化，给农业现代化插上科技的翅膀”的重要指示精神。经过8年艰苦攻关，他们实现了东方红拖拉机的智能转型，打破了国外产品的垄断，为引领我国农机装备发展，确保国家粮食安全作出了贡献。

请查找王建华及其研发团队的相关资料，填写下表。

项目	详情
姓名	王建华
家庭背景	
工作职务	
工作内容	
王建华团队的初心	
王建华团队进行的技术开发工作	
王建华团队在研发中遇到的困难	
王建华团队工作中体现的可贵精神	

薪火相传

中国古代农耕工具的发展史是中华文明进步史的一部分。从最早的石器工具，到后来的铁器农具，再到农业灌溉机械，每一次工具变革都促进了农业生产力的发展，推动了社会的进步。

一、活动描述

小组合作，以“我眼中的__________（农业生产工具名称）”为题，围绕一种（类）农业生产工具的发展过程制作电子演示文稿，并在课堂上介绍给大家。

二、活动要求

1. 查阅相关资料，确定所选的工具名称，梳理该工具的发展过程。
2. 电子演示文稿应内容丰富、图文并茂。
3. 选派组员在课堂上作介绍，一人或多人均可，时间控制在 4 分钟以内。

三、活动过程

1. 组建活动小组

请组建活动小组并进行组内分工，每项工作均可由一人或多人负责，组内分工和对应职责可根据实际情况自行调整。

组内分工	姓名	具体职责

2. 收集信息

收集农业生产工具信息，了解发展历程，填写下表。

<table>
<tr><th>项目</th><th colspan="3">详情</th></tr>
<tr><td>农业生产工具名称</td><td colspan="3"></td></tr>
<tr><td rowspan="5">发展历程</td><td>时间</td><td>样式和功能</td><td>应用区域</td></tr>
<tr><td></td><td></td><td></td></tr>
<tr><td></td><td></td><td></td></tr>
<tr><td></td><td></td><td></td></tr>
<tr><td></td><td></td><td></td></tr>
</table>

3. 制作电子演示文稿

制作时，能较好地展示所选择工具的样式和发展情况。

4. 现场介绍

现场介绍时，语速适中，能富有感情地介绍电子演示文稿内容。

第四单元　手工技艺

丝绸　织造之美

学史增信

一、学习导图

根据教材中的“造物小史”内容，补全下面的学习导图。

丝绸
- 丝绸源起
  - 新石器时代：上古先民已开始生产和使用丝绸
- 栽桑养蚕
  - 商朝时期：开始栽培桑树
  - 明朝时期：________是世界上最早的关于家蚕杂交优势的记录
- 传统工艺
  - 缫丝：浸煮蚕茧、抽出蚕丝、多根合并，获得________
  - 丝织：将生丝分为经丝、纬丝，通过织机交织成丝绸
  - 漂练：去除丝绸的________，使其更加柔美
  - 印染：用________将图案、色彩绘制到丝绸上
- 交流互鉴
  - 西汉时期：从长安出发直至欧洲的________开辟
  - 唐朝时期：________、波斯锦等传入中国

二、中华名匠

根据教材中的“中华名匠”内容，填写下面的人物卡片。

人物：____________

时代：____________

主要成就：改进了__________，创造出可以织造复杂图案的__________________。

具体革新：为缩短提花机织造复杂纹样的时间，采取的改进措施是______________；为让提花机能够织出更多复杂纹样，采取的提升手段是_____________；为使提花机能织出复杂的、花形循环较大的纹样，采取的优化方法是____________。

继往开来

一、当代视角

丝绸之路经济带是在古丝绸之路基础上形成的一个新的经济发展区域。它东联亚太，西系欧洲，被认为是世界上最长、最具发展潜力的经济大走廊。近年来，习近平总书记在多个场合倡议共同建设丝绸之路经济带，将其作为一项造福沿途各国人民的大事业。

中欧国际铁路联运班列（以下简称中欧班列）是由中国开往丝绸之路经济带沿线国家的快速货物班列，它为丝绸之路经济带上的国家提供了高质、高效的运输服务。

1. 从 2013 年到 2022 年，中国对共建“一带一路”国家纺织品服装出口额从 1 256 亿美元增长到 1 685 亿美元。中国通过中欧班列出口的主要纺织品是（　　）。

A. 手工文创纺织品　　B. 家纺和服装等快消品

C. 纺织机械　　D. 化纤原料

2. 2024 年一季度，中欧班列累计开行情况和发送货物情况是（　　）。

A. 开行 4 541 列，发送货物 49.3 万标箱

B. 开行 3 000 列，发送货物 30 万标箱

C. 开行 3 241 列，发送货物 32.5 万标箱

D. 开行 2 510 列，发送货物 29.6 万标箱

3. 中国纺织品出口到丝绸之路经济带国家，对这些国家起到的作用是（　　）。（多选题）

A. 丰富纺织品市场，提供更多消费选择

B. 促进当地纺织产业的发展与技术交流

C. 影响当地纺织服装领域的设计审美

D. 提高当地人民的生活水平和质量

二、当代人物

在现代纺织行业中有很多默默奉献的大国工匠，全国五一劳动奖章获得者温浩军便是其中的优秀代表。他常年从事棉花生产技术研究工作，针对棉花生产效率低的突出问题，他在精量播种、高效脱叶催熟技术、机械采收、储运加工等环节进行关键技术和设备研发，建立了棉花生产全程机械化技术体系。

在推广新设备、新技术的过程中，温浩军发现虽然农民有浓厚的兴趣，但新设备、新技术的实际使用效果并不理想。于是，他组织一系列培训活动，不仅向农民传授棉花机械化生产的新技术、新方法，还结合当地土壤和气候特点，有针对性地提供种植建议。

1. 查阅资料，找出温浩军在推广新设备、新技术过程中遇到的困难和问题（　　　　　）。（多选题）

A. 农民对新设备、新技术缺乏兴趣，存在疑虑和抵触心理

B. 新设备、新技术购买和维护成本高

C. 很多农民缺乏相关的知识、技能和经验，无法充分发挥新技术的效果

2. 棉花生产机械化技术的推广和应用，使棉花产量和品质均得到了显著提升，农民收入也随之增加。请查阅资料，模仿示例，填写下表。

研究成果	应用效果	对农民增收的具体影响
精量播种技术	在播种环节减少种子用量，提高播种精度	降低了农民采购种子的成本，增加了农民净收入
高效脱叶催熟技术	在采收前促进棉花成熟脱叶，降低采收损失	
机械采收技术	机械化采收投入人力少、时间短、采收效率高	
储运加工技术	减少了储运加工过程中的损失和浪费	

薪火相传

中国传统纺织技艺源远流长，蕴含着深厚的文化底蕴，如今，现代数字技术迅猛发展，两者有机融合，为传统纺织业的传承发展注入了新的活力。

一、活动描述

以“数字时代传统纺织技艺与现代科技的融合”为主题，探究新时代数字技术与传统纺织技艺的结合。

二、活动要求

1. 每组从下列项目中选择一个。

（1）3D 打印技术在纺织业中的应用。

（2）虚拟现实（VR）技术在纺织工艺教学中的应用。

（3）增强现实（AR）技术在纺织品展示中的应用。

2. 通过借阅图书、搜索网络、实地走访等方式收集资料，整理并提炼该技术具体应用的实际案例，并进行 5 分钟左右的讲解。

三、活动过程

1. 组建活动小组

根据工作内容组建活动小组并分工，每项工作可由一人或多人负责，组内分工和对应职责可根据实际情况自行调整。

组内分工	姓名	具体职责

2. 收集资料

各组根据选定的题目和收集到的资料，完成下表。

选题			
具体技术			
应用领域	应用简介	优势分析	存在的问题

3. 现场介绍与展示

各组制作电子演示文稿，选派代表进行讲解，学生代表和教师对各组展示情况进行评分。

瓷器　中国名片

学史增信

一、学习导图

根据教材中的“造物小史”内容，补全下面的学习导图。

瓷器

- 原始瓷器
  - 中国陶器最早出现于一万多年前的＿＿＿＿＿＿
  - 中国原始瓷器出现于＿＿＿＿＿＿
- 南青北白
  - 青瓷出现于我国＿＿＿＿时期
  - 白瓷出现于我国＿＿＿＿时期
  - 著名的青花瓷最早出现于我国＿＿＿＿时期
- 五大名窑
  - 宋代五大名窑是：汝窑、＿＿＿、＿＿＿、＿＿＿、＿＿＿
  - 同时期的名窑还有龙泉窑、＿＿＿＿、＿＿＿＿等
- 硬胎彩瓷
  - 元、明、清三代，江西＿＿＿＿地区成为世界瓷器生产中心
  - 清代出现的＿＿＿＿＿＿，体现出中外文化艺术的融合

二、中华名匠

根据教材中的“中华名匠”内容，填写下面的人物卡片。

人物：＿＿＿＿＿＿

时代：＿＿＿＿＿＿

主要成就：＿＿＿＿＿＿＿＿＿＿＿＿＿＿＿＿＿＿＿＿

＿＿＿＿＿＿＿＿＿＿＿＿＿＿＿＿＿＿＿＿＿＿＿＿＿＿＿

具体贡献：唐英在仿制＿＿＿＿＿＿＿＿的基础上进行创新，今天故宫博物院收藏的雍正款仿钧窑玫瑰紫釉花盆托、雍正款仿钧窑鼓钉三足洗等就是其中代表。此外，他还研制出＿＿＿＿＿＿，重新制成＿＿＿＿等瓷器种类。

继往开来

一、当代视角

随着数字化技术的高速发展，面对市场需求多样化的挑战，越来越多的技术与古老陶瓷行业有机融合，不断推动中国陶瓷的创新与发展。

1. 陶瓷文物承载着中华文明的灿烂历史，但因其容易受损的性质，腐蚀或损坏难以避免。通过融入现代信息技术，古瓷修复迎来了新的发展。下列属于数字化技术在陶瓷文物修复中的应用的是（　　　　）。（多选题）

A. 使用 3D 扫描仪获取陶瓷文物的三维数据

B. 利用计算机辅助设计软件进行虚拟修复

C. 通过 3D 打印技术制作修复所需的部件

D. 采用传统的锔瓷技术对陶瓷进行物理修复

2. 数字化技术在陶瓷文物修复中的主要作用是（　　）。

A. 替代传统手工修复

B. 提高修复的准确性和效率

C. 完全复原陶瓷文物的原始状态

D. 提升陶瓷文物的市场价格

3. 利用数字化技术修复陶瓷文物的主要步骤如下。查阅资料，为步骤排序，将步骤的序号填在圆圈中。

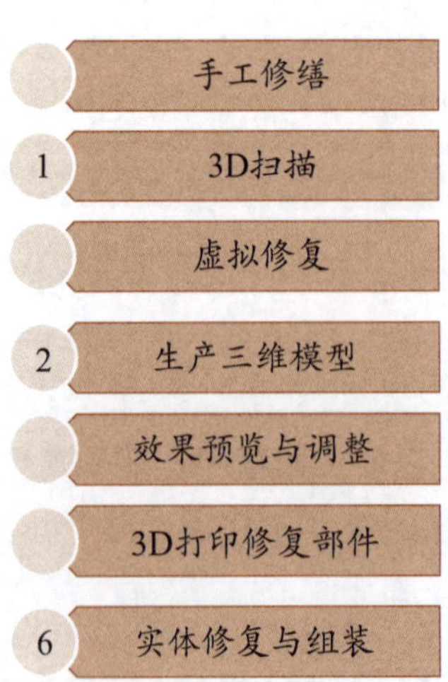

二、当代人物

你如果到过景德镇，逛过瓷器店，就一定会被琳琅满目的瓷器所吸引。制作一件精美的瓷器要经过许多道复杂的工序，而拉坯是器物成型的第一步。景德镇陶瓷工匠占绍林在传统工艺的基础上练就了一体成型拉坯技术，铸就了陶瓷大件成型技术新的里程碑。

揉泥是制陶拉坯工艺的基础，操作中必须将软黏泥料中的气泡全部排出，才能得到合格的制陶原料。为了练好这一基本功，占绍林会将米粒撒到作为原料的泥里，直到把米粒一颗颗揉出，这块泥巴才算揉到了位。他说：“手艺人讲究的就是这些，在技艺成熟之前用的就是笨功夫，半点马虎不得。”

1. 在你所学的专业技术中，有没有类似揉泥这样，看似简单实则关键的基本功呢？

我所学专业技术的基本功：______________________________

____

____

2. 占绍林说练好技艺要用“笨功夫”，你是如何理解这个“笨功夫”的？

我的理解是：______________________________

____

____

薪火相传

数千年来，中华工匠们将瓷器打造成享誉世界的中国名片，如今瓷器依然是中国走向世界的一把钥匙。我们所学的专业技能，将来是否也能成为个人求职创业的一张名片呢?

一、活动描述

以“设计我的未来——制作求职名片”为主题，请同学们凸显技能优势，发挥创意思维，为将来的毕业季设计一张个性鲜明、简洁明了的求职名片。

二、活动要求

1. 求职名片包含但不限于以下内容。

（1）专业技能、个人特长，以及精心选择的三项求职优势。

（2）依据自身求职优势，列出明确求职意向。

2. 在设计过程中，突出个性与专长。

三、活动过程

1. 名片制作

准备制作材料，编制个人信息，设计名片样式。要确保信息的准确性和完整性。

2. 名片介绍

对自己制作的求职名片进行 1 分钟的介绍，展示个人优势和求职意向。

3. 点评反馈

教师和其他同学对展示进行点评，给出合理化建议，分享者进一步完善求职名片。

第五单元　文 化 传 播

蔡侯纸　文明载体

学史增信

一、学习导图

根据教材中的“造物小史”内容，补全下面的学习导图。

- 蔡侯纸
  - 早期书写材料
    - 国外：古巴比伦人的泥板、古埃及人的__________等
    - 中国：西汉时期的__________是迄今最早的纤维纸片
  - 蔡伦造纸
    - 新时代的标志：________时期的蔡伦改进造纸技术
    - 核心技术
      - 造纸原料以________________为主
      - 首创________________工艺
      - 使用________________技术
  - 传统造纸业的发展
    - 东汉末年：东汉________改进造纸技术
    - 魏晋南北朝：在造纸过程中加入____________
    - 唐代：产自安徽宣城的________出现
    - 宋元时期：________成为应用广泛的印刷用纸
    - 明清时期：造纸业得到进一步发展

二、中华名匠

根据教材中的“中华名匠”内容，填写下面的人物卡片。

人物：＿＿＿＿＿＿

时代：东汉

主要成就：他在总结前人造纸方法的基础上，利用＿＿＿＿、＿＿＿＿、＿＿＿＿和＿＿＿＿等原料，制造出了质量更高的纸，人们称其为“＿＿＿＿＿”。

继往开来

一、当代视角

在2008年北京奥运会开幕式文艺表演的第一个节目《画卷》中，五千年中华文明在一张象征宣纸的长卷上徐徐展开……

古老的宣纸工艺，在新时代与现代技术不断融合，依旧焕发着不朽的魅力。

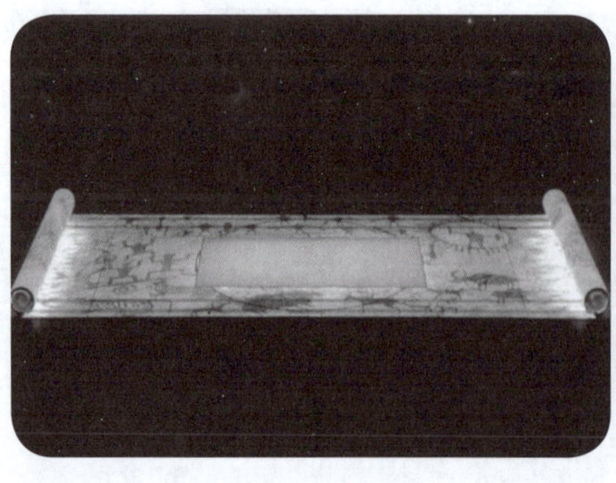

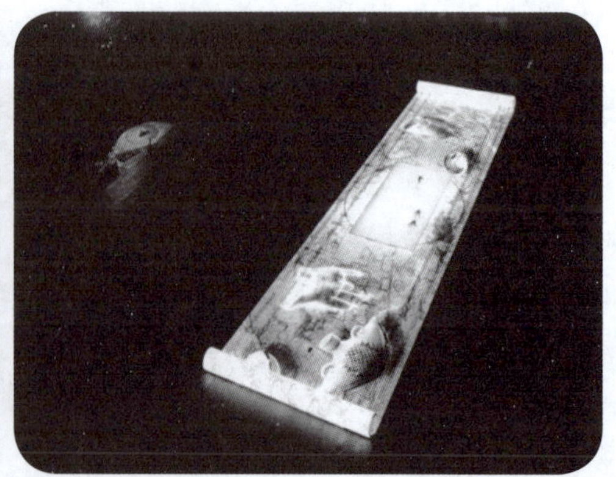

1. 当代中国科学家通过研究宣纸制作工艺和结构，发明了一种应用于光学器件和电子器件的高性能透明可折叠薄膜，传统宣纸技艺给现代科技带来了新启发。查阅资料，“高性能透明可折叠薄膜”所继承的传统宣纸的一个优点是(　　)。

A. 高强度和耐久性　　B. 艳丽的色彩和图案

C. 易于书写和绘画　　D. 防水和防潮性能

2. 耐火宣纸是我国科研团队近年来发明的一种新型宣纸。该纸通过引入新型纳米材料，即使在火中长时间灼烧也不会燃烧。查阅资料，耐火宣纸因其优异的耐火性和耐久性，可能应用的一个领域是(　　)。

A. 食品加工与包装　　B. 航空航天材料

C. 服装设计与制作　　D. 特种纸张与重要文件保存

3. 关于现代技术对传统制作工艺的影响，下列说法错误的一项是(　　)。

A. 现代技术可以提升生产效率，有助于传统工艺的推广与发展

B. 机器生产、人工智能等现代技术，将完全取代传统手工制作

C. 现代技术在保持传统工艺特点的同时，可以增加其功能特性

D. 通过与现代技术融合，传统制作工艺可以迎来更广阔的发展前景

二、当代人物

周东红，一名从普通捞纸工成长起来的当代捞纸大师。他凭借扎实的基本功和勇于创新的精神，赋予传承千年的宣纸技艺以新的时代价值，他也因此荣获全国劳动模范、首届大国工匠等荣誉称号。

周东红的成长历程离不开学与练。请将他的经历与我们今天在技工院校的求学之路进行对比，完成下页表格。

周东红的苦学
周东红年轻时在宣纸厂做学徒工。因一些老师傅技术不外传，他只能偷师学艺，抓住一切机会学习
我的学习环境
对我的启发

练

周东红的苦练
周东红学艺以来，每天重复捞纸动作上千次，练手时间超过8小时，曾经手被捞纸用水浸泡腐烂，甚至露出白骨
我的练习环境
对我的启发

薪火相传

纸是文明传承的重要载体，其原料是大自然的宝贵资源。让我们从节约用纸做起，用实际行动践行绿色中国的可持续发展之路与生态文明理念。

一、活动描述

以“节约用纸小贴士”为主题，探讨节约用纸的重要意义和实用方法。

二、活动要求

1. 以小组为单位开展活动。小贴士应包含以下内容。

（1）纸张生产与环境保护、资源浪费的关系。

（2）纸张消耗与环境保护、资源浪费的关系。

（3）“节约用纸，从我做起”的具体方法。

2. 利用借阅图书、搜索网络等手段收集资料。绘制节约用纸小贴士并进行介绍。

三、活动过程

1. 组建活动小组

请根据工作内容组建活动小组并分工，每项工作可由一人或多人负责，组内分工和对应职责可根据实际情况自行调整。

组内分工	姓名	具体职责

2. 收集资料，绘制卡片

根据研究成果，制作“节约用纸”小贴士。小贴士应包含一条纸张浪费危害的警示语、一条以上的节约用纸提示语，以及三条节约用纸方法。

3. 现场介绍与展示

各组选派代表，对本组小贴士进行介绍。教师和学生给出建议，评选出优秀小贴士，在班级或校园内进行张贴。也可以将小贴士带回家或张贴在社区，用以宣传节约用纸。

活字　印版革新

学史增信

一、学习导图

根据教材中的“造物小史”内容，补全下面的学习导图。

活字
- 雕版印刷
  - 出现不晚于________时期
  - 工艺过程大体可分为____________、________两部分
- 泥活字印刷
  - 首创于________时期
  - 工艺过程大体可分为________、________、________、________四部分
- 木活字印刷
  - 出现于________时期
  - 木活字印刷的创新使排字工匠的____________更高，____________更低
- 金属活字印刷
  - 在南方民间流行于________中期
  - 金属活字不易________，更便于__________________

二、中华名匠

根据教材中的“中华名匠”内容，填写下面的人物卡片。

人物：______________

时代：______________

主要成就：____

____

历史价值：为解决雕版印刷______________的问题提供了范例。

人物：______

时代：______

主要成就：为降低印刷成本，在毕昇之后再次研制______。

历史价值：为毕昇发明泥活字印刷术的真实有效性____________，所造部分泥活字成为研究______的重要资料。

继往开来

一、当代视角

中国印刷业经历了铅字印刷的“铅与火”时代、激光照排的“光与电”时代后，正逐步迎来网络印刷的“云”时代。云印刷技术依托互联网和数字印刷技术，以其高效、便捷、个性化的特点，正成为推动印刷业创新发展的新力量。

借助集在线设计、下单、生产、物流于一体的云印刷平台，客户可以在移动端的编辑器中选择场景模板，进行个性化排版设计，下单后稿件自动上传至印刷企业管理系统，企业确认后会发到生产车间进行生产。云印刷业务流程示意图如下。

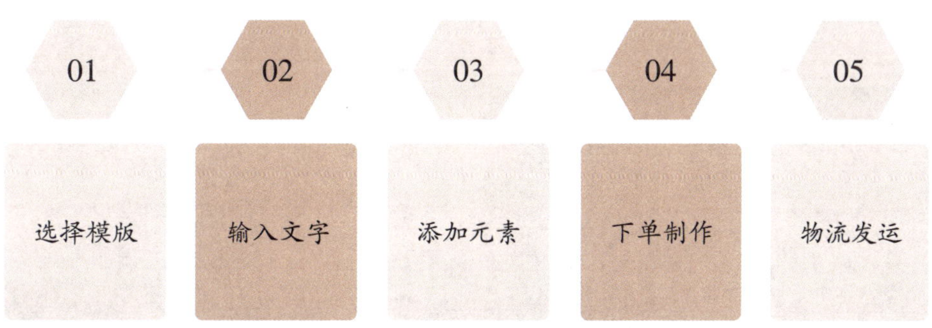

请查阅资料，判断下列说法的正误（正确的在题后的括号内打“√”，错误的打“×”，并在空白处改正）。

1. 相较于传统印刷，云印刷服务可以实现个性化定制和市场需求的快速响应。 （　　）

2. 云印刷降低了印刷服务门槛，使更多小型企业和个人能够享受到专业印刷服务。 （　　）

3. 云印刷无法实现高质量的印刷效果。 （　　）

4. 为了参加校园招聘会，小王通过某电商平台，选择模板为自己设计、编写了一套求职资料，下单后他很快收到了印制好的名片。这就是云印刷服务在实际生活中的运用。 （　　）

5. 智能手机的发展使得即时排版印刷成为可能。 （　　）

二、当代人物

王选院士，被誉为“汉字信息处理激光照排系统之父”，是中国著名的计算机文字信息处理专家，他开创性地研制出汉字信息处理激光照排系统。这一创新性技术彻底改变了中国传统出版印刷行业的生产方式，实现了从铅字排版到数字化排版的革命性转变，极大地提高了排版印刷的效率和质量。汉字信息处理激光照排技术不仅在国内得到广泛应用，还出口到其他国家，使中国印刷技术再次走向世界。

请查询传统汉字印刷技术与汉字激光照排技术相关资料，完成下表。

项目	传统汉字印刷技术	汉字激光照排技术
技术发明时间	中国古代	20 世纪 80 年代
印刷工艺	手工雕刻或活字拼接	
排版速度	手工操作排版，速度慢	
版面灵活性	手工调整，较为固定	
字体和字型	需手工制作，种类相对有限	
印刷效果	受限于手工水平和印刷工具的质量	

薪火相传

随着数字化技术在汉字印刷领域的广泛应用，每个人都可能成为排版设计的高手，展现出汉字的独特魅力。

一、活动描述

以“汉字之美”为主题开展电子海报设计活动，运用云设计排版软件，创作一张既体现汉字之美，又融合现代设计元素的宣传海报。

二、活动要求

1. 每组选择一个能够体现汉字之美的海报主题。以下主题供参考。

（1）汉字的演变。

（2）汉字与书法。

（3）汉字中的意象。

2. 利用借阅图书、搜索网络等手段收集资料，绘制电子海报，并准备 3 分钟左右的讲解。

3. 海报应具有独创性和新颖性，传达汉字的美学价值和文化意义。设计过程中应尊重汉字文化的严肃性，体现其深厚底蕴。

三、活动过程

1. 组建活动小组

根据工作内容组建活动小组并分工，每项工作可由一人或多人负责，组内分工和对应职责可根据实际情况自行调整。

组内分工	姓名	具体职责

2. 海报设计与制作

运用排版软件，根据收集到的素材，设计海报的内容、字体、布局、色彩搭配，生成电子海报。

3. 成果提交

各组在规定时间内将完成的海报以图片形式提交，选派代表讲解本组的设计思路，教师和学生对提交的作品进行评分。

第六单元 冶金军事

青铜器 文明之铸

学史增信

一、学习导图

根据教材中的“造物小史”内容，补全下面的学习导图。

青铜器

- 青铜起源
  - 出现于________
  - 目前中国发现的最早的青铜器：甘肃东乡林家遗址出土的________
- 商至西周
  - 青铜器广泛应用
  - 制造工艺成熟，从矿石的开采、冶炼，到器具的设计、铸造、装饰，流程完整
  - 代表作品：________
  - 采矿技术：地下开采技术、木架支护井巷技术
  - 冶炼技术：竖炉熔炼，粗铜提炼，加入锡、铅等成分
  - 铸造工艺：块范法、分铸法
- 春秋战国及后世
  - 青铜器继续发展
  - 铸造工艺：失蜡法
  - 青铜乐器和兵器代表作品：________
  - 铁器的普及导致青铜器的地位逐渐被取代
  - 中原地区青铜器被其他器物取代
  - 中原以外其他的一些地区，青铜器仍有作用，例如古滇族的青铜器物，草原游牧民族的青铜圆雕和透雕饰牌
  - 中原地区青铜器的余晖：汉唐时期的______

二、中华名匠

根据教材中的“中华名匠”内容，填写下面的人物卡片。

人物：__________

时代：__________

铸剑传说：少年时学习冶金技术，冶铸____________________。在__________定居，利用当地的丰富资源和清泉淬剑。为越王铸造了________________________等名剑。后来受楚王之托，与家人共同铸造了________________三把宝剑。

继往开来

一、当代视角

金属冶炼之路见证了人类智慧与技术的飞跃。熊熊炉火，钢花绽放。高锰钢、船用耐蚀钢、“蓝鲸一号”钻井平台用超高强钢……每一次新钢种的成功研发，不仅让一批批大国重器焕发出新的生机，还为一项项重大工程提供了强有力的保障。

请查阅资料，找到下列大国重器或重大工程背后的“钢铁英雄”，填写钢品种名片。

C919 大飞机	起落架所用钢种	钢种特点及作用

港珠澳大桥	基座所用钢种	钢种特点及作用

“华龙一号”	核电机组所用钢种	钢种特点及作用

二、当代人物

他“火眼金睛”，能看出钢水温度和碳含量；他勇于挑战核电钢系列、航空航天钢系列、航母钢系列等重大工程必需的特种钢；他是河南省人大代表、中信重工铸锻公司电炉班班长；他扎根炼钢一线三十余载。他就是大国工匠——杨金安。

1. 阅读人物事迹，体会人物精神，完成连线题。

工作时，他每天揣着一个笔记本，把关键操作内容记录下来，认真分析，潜心总结规律。日积月累，这些操作方法和心得体会记满了 50 多个笔记本。

他带领团队连续攻克行业“卡脖子”技术难题，炼出了核电钢、航空航天钢、特种钢、石化加氢钢等一系列高精尖钢种。

他所在的大工匠劳模工作室采取“大工匠 + 工段长 + 青工 + 技术人员”的组合方式结成一个“创客”团队，团队成员共同参加例会讨论、研究生产难题。

50 多摄氏度的室内温度，阵阵热浪不断袭来，轰鸣如雷的设备运转声……在这样的环境下，杨金安一待就是 30 多年。

不畏艰辛

团结协作

勇于挑战

勤学善学

2. 请结合方框中的文字，写一写你的感受。

我的人生理想很简单，就是炼出好钢让国家用。

——杨金安

薪火相传

> 经过久久为功的磨砺，中国的创新动力、发展活力勃发奔涌。C919大飞机实现商飞，国产大型邮轮完成试航，神舟家族太空接力，“奋斗者”号极限深潜。
>
> ——习近平

每一件大国重器的诞生、每一项重大工程的竣工，都离不开关键材料的支撑。关键材料是科技创新的基石，也是制造业的核心竞争力。关键材料不断突破升级，凝结着无数人的心血和汗水，充分彰显了伟大的中国力量。

一、活动描述

以“科普大国重器　探秘关键材料”为主题进行一场演讲比赛，与大家共同感受大国重器背后的科技魅力。

二、活动要求

1. 围绕主题，以大国重器为切入点，详细介绍其背后关键材料的名称、性能、研制过程以及研制生产过程中的精彩故事、感人事迹等。
2. 题目自拟，演讲时长控制在 5 分钟以内。
3. 可结合电子演示文稿辅助演讲。

三、活动过程

1. 组建活动小组

请根据工作内容组建活动小组并分工，每项工作均可由一人或多人负责，组内分工和对应职责可根据实际情况自行调整。各组可选择不同的大国重器完成此活动。

组内分工	姓名	具体职责

2. 确定演讲内容

项目	详情
大国重器	
关键材料	

3. 准备演讲材料

分析、整合收集到的资料，撰写演讲稿并制作演示文稿。

4. 参与演讲比赛

以组员相互配合的形式参与班级组织的演讲比赛。

鼓风器　冶金助力

学史增信

一、学习导图

- 鼓风器
  - 人力吹管
    - 考古发现：辽宁牛河梁遗址出土的冶铜炉的炉壁上，有12个用于________________的小孔
    - 其他冶炼遗址中：出土了______________
    - 意义：促进了早期____________的发展
    - 缺点：人力吹气____________低，风量有限
  - 皮橐鼓风器
    - 主体是由__________制成的皮囊
    - 商周时期出现了皮橐鼓风器，并采用了______________技术
    - __________和__________中均有记载，说明橐类鼓风器在当时已被人们所熟知
    - 《礼记》中“良冶之子，必学为裘”的“裘”就是指________
  - 水排
    - 东汉南阳郡太守________发明了水排
    - 以________取代________驱动鼓风器，提高了______、______，增加了生铁产量
    - 欧洲将水力用于鼓风，比中国晚了______年
  - 木扇
    - 始用于________的木扇，以推拉杆带动木箱盖板来鼓风
    - 在甘肃榆林窟的西夏壁画上，记录了_________
    - 双门木扇保证了______________气流的供给
  - 活塞式木风箱
    - 利用____________和空气压力自动开闭活门
    - 为手工业和________的发展提供技术支撑
    - 英国科学技术史学家__________高度评价中国的活塞式木风箱
    - 使用场景广泛：冶金、铸造、____、________________

二、中华名匠

根据教材中的“中华名匠”内容，填写下面的人物卡片。

人物：____________

时代：____________

器具发明方面的主要成就：创制了水排（以水流为动力的____________），显著提高了__________________，对南阳农业的迅速恢复和发展起到了推动作用。

立轮式水排简介：依靠_______作为动力，安好________，轮上有________。立轮中心贯通一根卧轴，轴上装有拐木。水流冲击____________，驱动___________________转动，进而完成工作。该水排结构_______、容易________，可以在___________不太大的情况下工作。

继往开来

一、当代视角

1962 年，我国自行设计制造的 12 500 吨自由锻造水压机建成并正式投产。这标志着我国重型机械制造进入了一个新的历史阶段。面对艰难的设计与制造过程，技术和工艺不断突破，精神力量也不断凝练和升华。

查阅资料，了解中国最早的万吨水压机的研制情况，将连线题中的事实与对应的精神连接起来。

研制过程中的困难和意外不计其数，工程技术人员、工人师傅紧密配合，创造了“电渣创奇迹，巧缝百家衣”“大摆楞木阵，银丝转昆仑”等诸多土办法。	坚韧不拔 不断探索
科研人员从零起步，他们用纸片、木板、铁皮、胶泥、沙土等材料做各种模型，反复试验。	顽强拼搏 迎难而上
起重机、千斤顶难以搬运重型部件，建造者们就在长木滑板上涂上厚厚的牛油，把一件件上百吨部件拖进加工车间。	团结协作 勇于创新
设计人员在一无资料、二无经验、三无设备的情况下，绘制了上千张图样，研制出中国人自己的12 500吨水压机。	

二、当代人物

艾爱国，1950年生人，湖南华菱湘潭钢铁有限公司焊接顾问。他多次参与我国重大项目焊接技术攻关，攻克数百个焊接技术难关。“七一勋章”获得者、全国劳动模范、全国技术能手、国家科技进步奖……艾爱国靠一把焊枪，赢得无数“军功章”。

1984年，为了解决我国钢铁产能发展的“卡脖子”难题，国家组织全国钢铁厂集中技术攻关。“贯流式”新型高炉紫铜风口研发就是其中的重要一项。“人家能干，我们为什么不能干？”艾爱国用了100多天时间，先是大胆提出采用当时国内尚未普及的氩弧焊工艺，然后在一次次试验中不断创新，对焊机、焊枪逐一改进，摸索出最佳焊接条件，最终成功完成了焊接。这项技术的成功研发，直接推动全国钢铁产能提升。

如今，70多岁的艾爱国依然奋战在焊接工艺研究和操作技术开发第一线，倾心传艺、默默奉献。

请你阅读“钢铁裁缝”艾爱国的话，感受劳模精神，写一写你受到的启发。

艾爱国的话	我受到的启发
做事情就要做到极致，做工人就要做到最好	
从实践中提炼经验，从理论上搞清楚门道，我的制胜法宝就是不瞎干	
志于学更要善于学，要坚持终身学习的态度，才不会落后于时代	

薪火相传

1962 年新中国第一台 12 500 吨自由锻造水压机正式投产。这台水压机的制造成功，为中国自力更生地发展现代工业提供了更有利的技术设备条件。2013 年我国成功制造出世界最大模锻压力机——80 000 吨模锻压力机。这意味着我国大型模锻产品制造实现了自主化和国产化，打破了我国大型飞机制造等领域的发展瓶颈。

一、活动描述

请以“中国工业发展中________领域的新成就”为主题，准备一次快闪展厅活动，让更多的同学了解中国工业发展中的新成就，感受中国制造的伟大力量。

二、活动要求

1. 活动可通过展板、海报、宣传册等形式呈现，做到内容充实，富有吸引力，并有一定的创意。

2. 展板与海报的尺寸需确保适当，既要引人注目，又要便于携带和布置；宣传册的页数不少于 6 页。

3. 各组选取同一领域的不同成就完成活动。

4. 活动需配有讲解员，以增强现场的互动体验。

三、活动过程

1. 组建活动小组

请根据工作内容组建活动小组并分工，每项工作可由一人或多人负责，组内分工和对应职责可根据实际情况自行调整。

组内分工	姓名	具体职责

2. 准备活动资料

从设备的建造时间、特点、关键作用以及建造过程中的动人故事等角度出发，精心收集相关的图文资料，设计并制作能够充分展示中国工业领域近年来取得的瞩目成就的展板或宣传册内容。

3. 准备讲解词与互动内容

讲解词应展现科技工作者的辛勤付出和拼搏精神等。讲解员除排练讲解词外，还应准备活动现场互动环节内容。

4. 活动开展

根据情况，在校园内开展快闪活动。

火药和火器　战争力量

学史增信

一、学习导图

根据教材中的“造物小史”内容，补全下面的学习导图。

火药和火器

- 源自炼丹的发明
  - 炼丹的道士们在________活动中意外发明了火药
  - 孙思邈所记载的______________说明，当时炼丹家已懂得利用木炭一类物质和硫黄、硝石混合物的易燃特性
- 早期应用与传播
  - 宋代，制造和燃放由火药制成的__________已很普遍
  - 南宋时发明了利用火药喷射推动上天的烟花，成为后来________________的鼻祖
  - 火药在医学上的应用：《本草纲目》里收录有________，用以杀虫、避湿气和瘟疫
  - 火药在军事上的应用
    - 唐末混战中，火药首次应用于战争
    - 北宋大力发展__________，拉开了火器时代的序幕
    - 13世纪初，金军改良了火药配方，提高__________，制成______________________等铁壳火药弹
    - 蒙古西征使火药技术从中国传到__________________
- 发展与回传
  - 元明时期，火药武器取得显著发展，出现了__________火器
  - 元代火药配方中含硝量从宋代火药的约50%提高到__________
  - 明代火药制造工艺不断改进，__________逐渐取代粉末火药
  - 明代中期，__________的先进火器传入中国并被仿制、改良
  - 清康熙之后，中国在发明和改良火器方面与欧洲差距逐渐拉大

二、中华名匠

根据教材中的“中华名匠”内容，填写下面的人物卡片。

人物：____________

时代：明朝

主要成就：

1. 枪械研制：在明朝国力转衰、外患频发的背景下，赵士桢致力于火器的改良与创新。他研制出多种先进的枪械，如________________等。

2. 火箭溜的发明：这是一种发射小型火箭的火器，特点是________较大，________高。

3. 理论贡献：他撰写了很多论著，其中____________总结了他的火器制造经验，并汇集了当时火器制造的先进技术和理论，为后世火器的发展提供了宝贵的经验和理论指导。

继往开来

一、当代视角

从火药到火箭，中国航天事业腾飞发展。《中国航天科技活动蓝皮书（2023 年）》显示，中国航天 2023 年实施 67 次发射任务，位列世界第二。其中长征系列运载火箭 47 次发射全部成功，成功率 100%，累计发射突破 500 次。运载火箭技术是航天技术的基础，“神舟”问天、“北斗”指路、“力箭”纵横、“朱雀”翱翔苍穹……它们都离不开运载火箭技术。

1. 请查阅资料，了解我国长征系列运载火箭事业跨越式发展的历程，然后填写下页表格。

发射次数	火箭名称	发射时间	发射对象	运载能力
第 1 次				
第 100 次				
第 200 次				
第 300 次				
第 400 次				
第 500 次				

2. 中国航天用 53 年的时间完成了从 0 次到 500 次的突破。请你结合上题填写的内容，算一算长征火箭完成每一个百次发射各用了多少时间。

第 1 个百次发射用了________，第 2 个百次发射用了________，第 3 个百次发射用了________，第 4 个百次发射用了____________，第 5 个百次发射用了________。

3. 你认为哪些因素促使长征火箭每一个百次发射所用的时间越来越短？这对你的学习生活有哪些启示？

____

____

二、当代人物

徐立平，中国航天科技集团公司第四研究院 7416 厂固体火箭发动机燃烧室药面整形工，航天特级技师。

从 1987 年参加工作开始，他就一直从事极其危险的航天发动机固体动力燃料药面微整形工作，大家常说这类工作就是“在炸药堆里工作”。30 多年来，徐立平因其精湛技艺、敬业态度和奉献精神而被赞誉为“雕刻火药的大国工匠”，先后被授予航天固体动力事业 50 年“十大感动人物”、“三秦楷模”、中华技能大奖、全国五一劳动奖章、2015 年度“感动中国人物”等荣誉。

1. 查找中央电视台感动中国 2015 年度人物颁奖典礼上徐立平的颁奖词，写在下面的横线上。

____

____

____

2. 查阅资料，记录一件徐立平的感人事迹，并说说事迹是如何感动你的。结合你的专业学习，谈谈你受到的启发。

____

____

____

____

____

____

____

薪火相传

从夏朝的奚仲造车到拥有自主知识产权的高铁技术体系，从战国的指南针到建成独立自主、开放兼容的全球卫星导航系统——北斗，从隋朝建成最早敞肩石拱桥——赵州桥到 2018 年跨越伶仃洋的港珠澳大桥正式开通……我国正在向制造强国、质量强国、航天强国、交通强国、网络强国、数字中国迈进。这个过程离不开千千万万个工匠传承精湛工匠技艺，弘扬伟大工匠精神。

一、活动描述

以“做合格的建设者”为主题进行一次演讲。

二、活动要求

1. 选取教材中的古代工匠和本书中的当代人物各一位，从“传承”和“弘扬”两个维度，详细介绍他们是如何传承工匠技艺、弘扬工匠精神的。

2. 题目自拟，演讲时长 6 分钟左右，以小组形式参赛，演讲者可为多人。

3. 采用电子演示文稿辅助演讲。

三、活动过程

1. 组建活动小组

请根据工作内容组建活动小组并分工，每项工作可由一人或多人负责，组内分工和对应职责可根据实际情况自行调整。

组内分工	姓名	具体职责

2. 收集信息

选取的人物	传承工匠技艺	弘扬工匠精神
古代工匠		
当代人物		

3. 制作电子演示文稿

电子演示文稿应内容丰富、图文并茂。

4. 参加演讲比赛

以小组的形式参加演讲比赛，参赛选手应结合电子演示文稿，富有感情地进行演讲。